Uwe H. Sültz

45 Jahre ELAC CD 400

ELAC

Der Compact Cassetten Recorder

mit dem NAKAMICHI-Chassis

BoD - Books on Demand

Norderstedt 2018

Bibliografische Information durch die Deutsche Nationalbibliothek

Die Deutsche Nationalbibliothek verzeichnet diese Publikation in der Deutschen Nationalbibliografie; detaillierte bibliografische Daten sind im Internet über http://dnb.dnb.de abrufbar.

Sültz Bücher

Herstellung und Verlag:

BoD – Books on Demand, Norderstedt

ISBN 9-78374-8-18323-5

ELAC / NAKAMICHI

Alles begann mit dem weltersten PHILIPS Compact Cassetten Recorder 1963. Die Technologie und die Maße stellte PHILIPS 1965 allen Herstellern auf der Welt zur Verfügung!

Danach entwickelte NAKAMICHI Laufwerke und komplette Chassis für andere Musikgeräte-Hersteller (Advent, Sonab, Thorn, Goodmans, Sansui, The Fisher, Concord, Leak, Yamaha, Ferguson, Harman Kardon, Sylvania, BASF, Kellar, Bell & Howell, Rank Wharfedale, SABA, Electro Home, KLH, sowie ELAC und weitere...). Offiziell durchbrach der Cassetten Recorder ADVENT 200 mit DOLBY 1971 die HiFi Schallmauer mit dem NAKAMICHI-Chassis. Aber das schafften bereits vor 1970 Geräte von u.a. Harman Kardon und The Fisher ohne DOLBY, ebenfalls mit dem NAKAMICHI-Chassis. In Deutschland vertrieb ELAC die ersten NAKAMICHI Recorder mit dem CD 400, danach der CD 500. Dies war 1973. Die neuste Generation mit FGC Tonkopf, der CD 520 und nochmals der CD 400, sind 1975 vorgestellt worden. ELAC stellte danach einen eigenen HiFi-Recorder her, den CD 530. Dies war kein NAKAMICHI. Danach versuchte es ELAC noch einmal mit dem CD 600. In ihm wurde das NAKAMICHI-Chassis 500 verbaut, sowie Anschlüsse nach DIN-Norm. In Prospekten wurde dieser allerdings nie erwähnt, denn gleichzeitig gab es die ELAC/NAKAMICHI Geräte 500, 550, 600, 700 und 1000. Recorder in den Kompakt-Anlagen stammen von Körting. Bei ELAC begann alles mit dem CD 400. Beispiele aus den Prospekten sehen Sie auf den folgenden Seiten...

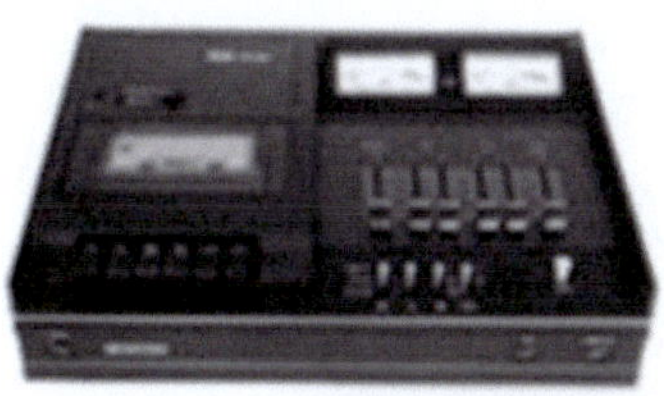

ELAC CD 600

Das HiFi-Stereo-Cassetten-Deck wurde ab der ersten Hälfte im Jahr 1973 verkauft.

Chassis-Unterschiede des Recorders CD 400.

Bereits 1969 stellte THE FISHER den Recorder RC 70, sowie HARMAN KARDON den CAD 4, vor. Beide Recorder erreichten die HiFi-Norm. Auf der Platine ist noch das alte NAKAMICHI-Logo von vor 1973 zu sehen. Offiziell gilt der Compact Cassetten Recorder ADVENT 200 aus dem Jahr 1971 als erster HiFi-Recorder.

"The Harman-Kardon CAD4 has a very uniform and extended low end which, in fact, surpasses that of many far more expensive reel-to-reel tape recorders."

(ELECTRONICS WORLD, June 1969)

In a recent ad, we stated that our CAD4 Cassette Tape Deck had the guts to talk specs.

Electronics World magazine obviously agrees.

In addition to the above, they also said:

"The flutter was in the vicinity of 0.2% for the Ampex and Sony and 0.3% for the Norelco, but an impressively low 0.12% for the Harman-Kardon."

". . . the Harman-Kardon CAD4 had uniform output to about 10,000-12,000 Hz but the other three began to roll off between 8,000 and 9,000 Hz."

"The CAD4 had 20-12,000 Hz record/playback response with Harman-Kardon tape."

A copy of the *Electronics World* review of the CAD4 is available upon request. It's a review worth reading. And a cassette deck worth hearing. The CAD4 is at your Harman-Kardon dealer now. Listen to it. Compare it to the competition. We think you'll agree with *Electronics World* that it is "the best of the group in performance . . ."

For more information, and the complete text of the review, write to Harman-Kardon, Inc., 55 Ames Court, Plainview, N.Y. 11803, Dept. HF8

harman kardon

CIRCLE 8 ON READER-SERVICE CARD

harman kardon

INCORPORATED

CAD 4

THE FIRST STEREO TAPE CASSETTE DECK DESIGNED EXPRESSLY FOR QUALITY RECORDING

SPECIFICATIONS

Tape Speed:	1-7/8 IPS
Harmonic Distortion:	Less than 1.5%
Speed Variation:	Within 2%
Wow and Flutter:	0.25 RMS @ 1-7/8 IPS
Frequency Response:	±2 db 30-12,500 Hz
Signal to Noise:	Better than 49 db
Bias Oscillator Frequency:	105 kHz, ±5 kHz
Crosstalk:	Better than 35 db
Erasure:	Better than 55 db
Record Amplifier Distortion:	0.5% THD @ Zero VU
High Level Input Sensitivity:	200 mv, ± 2 db for Zero VU
High Level Input Impedance:	200 k Ohms
Low Level Input Sensitivity:	0.2 mv, ±2 db for Zero VU
Low Level Input Impedance:	Nominal 2.5 K ohms
Output Level:	0.8 RMS ±2 db at maximum recording level
Reproduce Amplifier Distortion:	0.5% THD @ Zero VU 0.2% THD @ -10 db Clipping level exceeds 10 db above Zero VU

harman kardon

We want you to hear more music.

(HK-Cat-615) Temp.

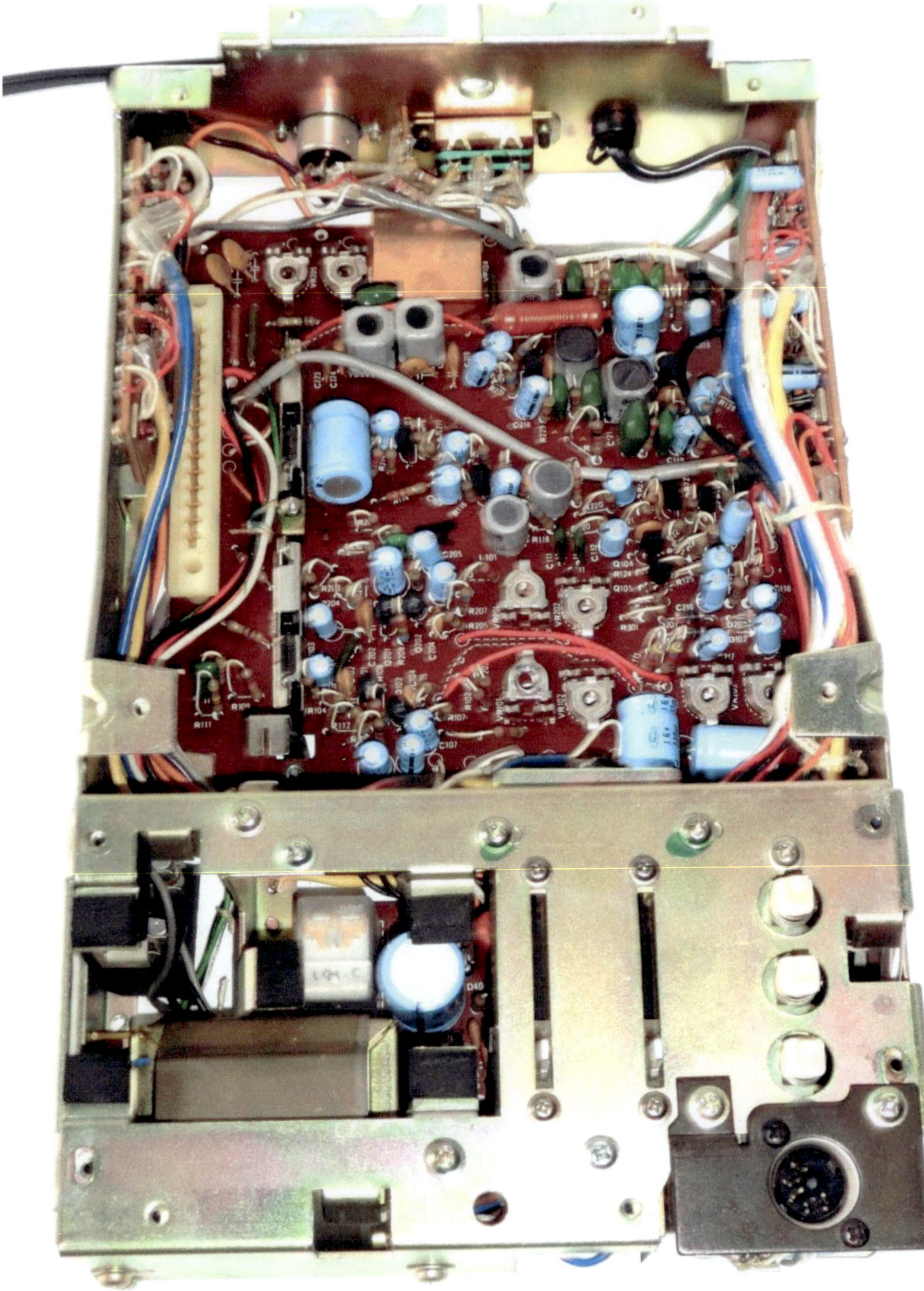

Ein Ersatz-Chassis mit der Tonkopfeinstell-Cassette. Auf der Rückseite wird der Recorder CD 400 vorgestellt. Die Cassette wurde Händlern zur Verfügung gestellt, da viele Tonköpfe nicht korrekt eingestellt waren.

Einige Servo-Motoren begannen im Laufe der Zeit zu leiern. Ein Ersatz lieferte NAKAMICHI mit einer kleinen Umbauanleitung. Der originale Servo-Motor lief in beide Richtungen, der Austauschmotor nicht. NAKAMICHI lieferte eine Geschwindigkeitseinstell-Cassette.

Ab Mitte 1973 wurde der Recorder CD 500 angeboten. Chrom-Cassetten schalteten automatisch die Vormagnetisierung um. Außerdem gab es jetzt DOLBY.

Das Laufwerk-Chassis wurde im Laufe der Zeit immer weiterentwickelt. Zuerst gab es keinen STOP-Auslöser. So war es in den Anfängen um 1969. Das CD 500-Cassettendeck besaß einen Kopfhörerverstärker.

NAKAMICHI-Chassis wurden auch in Kompaktanlagen eingebaut. Leider nicht in ELAC-Kompaktanlagen. Die gesamte Anlage, einschließlich Recorder, stammt von KÖRTING.

Der Lösch- und der Tonkopf, sowie die Andruckrolle, ohne Halter, waren bis 1975 bei allen Recordern gleich. Der CD 520 hatte ab 1975 verbesserte Köpfe.

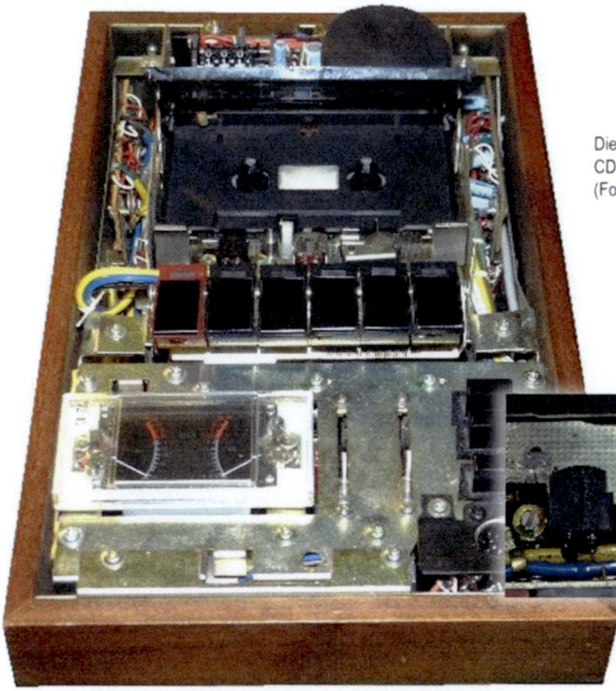

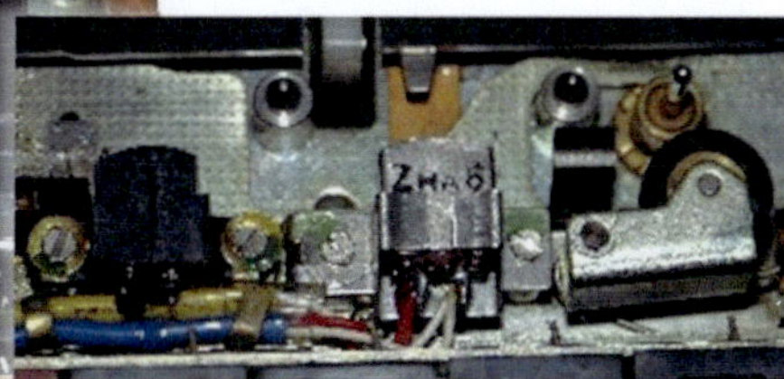

Die erste Generation des Cassetten Recorders CD 400 besaß noch keinen FGC Tonkopf (Focused Gap Crystal Permalloy Head).

Nicht nur die erste Generation hatte Azimut-Probleme. Alle Compact Cassetten Recorder sollten überprüft werden, sofort nach dem Kauf und danach regelmäßig. 1973 verteilte NAKAMICHI eilig hergestellte Test-Cassetten mit einem 8 kHz-Signal an den Fachhandel. Außerdem können Motor-Probleme auftreten. NAKAMICHI lieferte Ersatz mit einer Umbauanleitung.

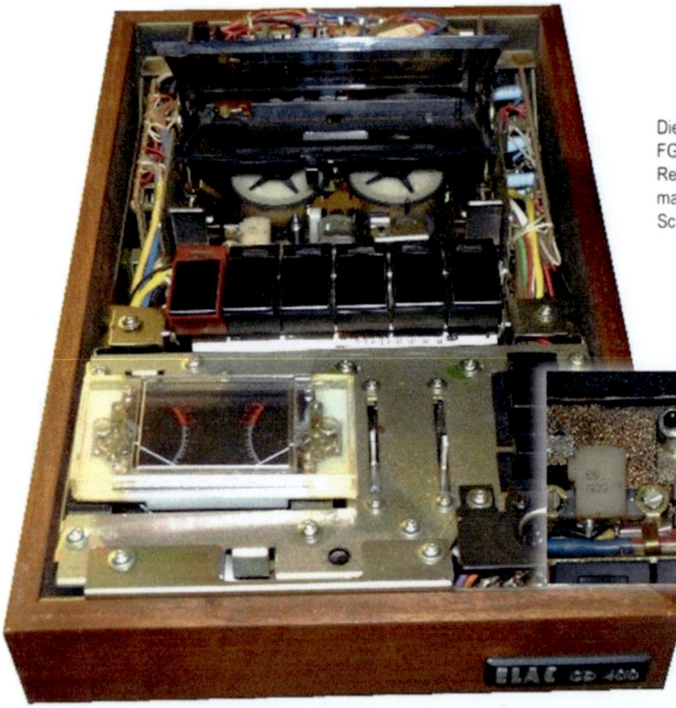

Die zweite Generation hatte dann den FGC Tonkopf eingebaut, ebenso der Recorder CD 520. Von außen erkennt man die zweite Generation am Typen-Schild vorkopf am Gehäuse.

ELAC 1973

Phono-Programm

Plattenspieler
Hi-Fi-Anlagen
Lautsprecherboxen

Hi-Fi-Cassetten-Tonbandgerät ELAC CD 400

ELAC eröffnet den Kennern meisterlicher Musik neue Klangdimensionen. Mit dem ELAC CD 400. Einem Cassetten-Tonbandgerät in Kompakt-Bauweise, das die Forderungen der Hi-Fi-Norm DIN 45500 erfüllt.
Das ELAC CD 400 vereint die Vorteile des Compakt-Cassetten-Systems mit vielen technischen Vorzügen, die bisher nur Spulentonbandgeräten vorbehalten waren.
– Bei Verwendung von Compakt-Cassetten mit Chromdioxid-Band (CrO_2) ergeben sich optimale Werte. Geräuschspannungsabstand 50 dB, Frequenzgang 20 ... 15000 Hz.
– Ein Studio-Gleichstrommotor, der durch Tachogenerator geregelt wird, gewährleistet eine hohe Gleichlaufspannung und weitgehende Unabhängigkeit von Schwankungen der Netzfrequenz und Netzspannung. So entsteht der außerordentlich niedrige Wert der Gleichlaufschwankungen von 0,13%.
– Die automatische Band-Endabschaltung gewährleistet, daß sich das ELAC CD 400 immer in die Bereitschaftsstellung zurückschaltet. Auch bei Unterbrechung der Netzspannung. So können die von Fachleuten gefürchteten Deformierungen der Andruckrolle nicht auftreten. Die automatische Band-Endabschaltung gestattet außerdem die Benutzung einer Schaltuhr für das Ausschalten.
– Die nebeneinander angeordneten Regler zur Aussteuerung des Aufnahmepegels ermöglichen die bequeme, praxisgerechte Paralleleinstellung beider Kanäle. Eine Kombination von zwei Pegelmeßinstrumenten gestattet die Aufnahme bzw. Wiedergabe-Überwachung auf einen Blick.
– Kritische Aufnahmen, in denen Verzerrungen auftreten können, werden durch eine einschaltbare automatische Pegelbegrenzung (Limiter) problemlos.
– Bandartenwahlschalter für Normal- und Chromdioxid-Band.
– Ein Umschalter am ELAC CD 400 ermöglicht die Anpassung an Receiver oder Verstärker mit unterschiedlichen Ausgangsspannungen (DIN oder USA-Norm).
– Das ELAC CD 400 übertrifft nicht nur in der Technik die Erwartungen anspruchsvoller Musikliebhaber –, die Preiswürdigkeit dieses Hi-Fi-Cassetten-Tonbandgeräts zeigt, daß Fortschritt nicht immer teuer sein muß.
Gehäuseausführung:
Nußbaum furniert.
Gehäuseabmessungen:
(B × H × T) 184 × 84 × 298 mm.
Zubehör: Eine ELAC Stereo-CrO_2-Vorführ-Cassette, eine Überspielleitung.

Wenn Sie mehr über das ELAC CD 400 wissen möchten, fordern Sie den ausführlichen Spezialprospekt an.

Phono Programm 73/74

ELAC

ELAC Hi-Fi-Cassetten-Tonbandgeräte

ELAC CD 400
Hi-Fi-Cassetten-Tonbandgerät in Compact-Bauweise. Technische Vorzüge: DIN 45500 für Magnetbandgeräte wird eingehalten · Frequenzgang 20…15000 Hz · Geräuschspannungsabstand 50 dB · Gleichlaufschwankungen 0,13 % · durch Tacho-Generator geregelter Studio-Gleichstrommotor · autom. Band-Endabschaltung · einschaltbare autom. Pegelbegrenzung (Limiter) · Bandartenwahlschalter für Normal- und Chromdioxid-Band · Gehäuseausf.: Nußbaum furniert · Maße: 184 x 84 x 298 mm.
Festpreis: 548,– DM

ELAC CD 500
Hi-Fi-Cassetten-Tonbandgerät mit Dolby-System. Technische Vorzüge: DIN 45500 für Magnetbandgeräte wird eingehalten · Frequenzgang 20…15000 Hz · Geräuschspannungsabstand 58 dB · Gleichlaufschwankungen 0,13 % · durch Tacho-Generator geregelter Studio-Gleichstrommotor · autom. Band-Endabschaltung · einschaltbare autom. Pegelbegrenzung (Limiter) · autom. Umschaltung von Normal- auf Chromdioxid-Band · Kopfhöreranschluß mit Flachbahnregler · Gehäuseausf.: Nußbaum furniert · Maße: 200 x 102 x 308 mm.
Festpreis: 778,– DM

ELAC EM 45
Universell verwendbares dynamisches Mikrofon. Der Übertragungsbereich von 50…12500 Hz entspricht der Hi-Fi-Norm DIN 45500.
Unverb. Preisempfehlung: 78,– DM

ELAC Plattenspieler, Heimanlagen

ELAC 161
4touriger Stereo-Plattenwechsler, zugleich autom. Einzel- und Dauerspieler · Kristall-Tonabnehmer ELAC KST 112 · Aufsetz-Tastautomatik · zentrale Steuereinheit für Drehzahl- und Plattengrößen-Einstellung, Start und Sofortwechsel · freitragende Stapelachse · autom. Endabschaltung.
Maße: 308 x 236 mm.
Unverb. Preisempfehlung: 149,– DM

Bingo 161 K
Stereo-Tischplattenwechsler ELAC 161 auf Kunststoffzarge (nußbaum) · Maße: 330 x 140 x 260 mm, Höhe mit Stapelachse 205 mm.
Unverb. Preisempfehlung: 158,– DM

ELAC 121 HV
Phono-Verstärker-Kombination zur Mono-Wiedergabe aller Stereo-, Mikro- und Normalrillenplatten · 3touriger Stereo-Plattenspieler ELAC 121 mit Stereo-Kristall-Tonabnehmer ELAC KST 112 · Tonarmlift · autom. Endabschaltung · volltransistorisierter Verstärker mit 4 Watt Musikleistung · 4 Watt-Lautsprecher im Gehäusedeckel · Kunststoffgehäuse wahlweise rot, grün oder altweiß · Maße ohne Lautsprecher: 300x125x225 mm.
Unverb. Preisempfehlung: 208,– DM

ELAC 161 HVK
Phono-Verstärker-Kombination mit Stereo-Plattenwechsler ELAC 161, volltransistorisiertem Verstärker mit 6 Watt Musikleistung und Spezial-Breitband-Lautsprecher · 3 Flachbahnregler für Lautstärke, Höhen und Tiefen · Kunststoffgehäuse altweiß oder nußbaum · Maße ohne Lautsprecher: 410 x 160 x 265 mm, Höhe mit Stapelachse 235 mm.
Unverb. Preisempfehlungen:
nußbaum **328,– DM**, altweiß **338,– DM**

ELAC 161 HVK Stereo
Stereo-Anlage bestehend aus Stereo-Plattenwechsler ELAC 161, volltransistorisiertem Verstärker mit 2 x 7 Watt Musikleistung und zwei Spezial-Breitband-Lautsprechern · 4 Flachbahnregler für Lautstärke, Höhen, Tiefen und Balance · Kunststoffgehäuse altweiß oder nußbaum · Maße wie ELAC 161 HVK.
Unverb. Preisempfehlungen:
nußbaum **459,– DM**, altweiß **469,– DM**

Digital-Uhren-Radio RD 100
Volltransistorisierter MW/UKW Rundfunk-Empfänger mit Digital-Uhr · vielfältige Schaltautomatik zum Ein- und Abschalten des Rundfunkempfängers und des Wecksummers · permanent-dynamischer Lautsprecher · 24 Stunden-Anzeige von 0.00 bis 23.59 Uhr · Kunststoffgehäuse: altweiß, rot, schwarzgrau, chromgelb · Maße: 180 × 160 × 185 mm.
Festpreis: 198,– DM

1973

Nakamichi

1973 brachte NAKAMICHI die TRI-TRACER auf den Markt. Seitdem wurde das neue Logo eingeführt.

ELAC

Phono-Programm 1974

ELAC CD 400

Jedes dieser beiden Cassetten-Tonbandgeräte vereint die Vorteile des Compact-Cassetten-Systems mit vielen Vorzügen, die bisher nur von Spulen-Tonbandgeräten zu erfüllen waren. Das Ergebnis ist Hi-Fi-Spitzenklasse. Für alle Hi-Fi-Anlagen die ideale Ergänzung.

Und das ist bei beiden Geräten gemeinsam:
Erfüllung der Hi-Fi-Norm DIN 45500 mit CrO_2-Band in allen geforderten Werten · optimale Werte bei Verwendung von Compact-Cassetten mit Chromdioxid-Band (CrO_2) für den Geräuschspannungsabstand (50 dB) und den Frequenzumfang (20 ... 15000 Hz) · ein durch Tachogenerator geregelter Studio-Gleichstrommotor gewährleistet den niedrigen Wert der Gleichlaufschwankungen von 0,13 % · die automatische Band-Endabschaltung arbeitet unabhängig von Schaltfolien oder anderen auf dem Tonband vorhandenen Signalen · die ELAC Hi-Fi-Cassetten-Tonbandgeräte schalten sich immer zurück in Bereitschaftsstellung. Auch bei Unterbrechung der Netzspannung. Deformierungen der Andruckrolle können so nicht auftreten.
Die Band-Endabschaltung gestattet außerdem die Benutzung einer Schaltuhr für das Ausschalten · einschaltbare automatische Pegelbegrenzung (Limiter) · praxisbezogene Anordnung der Flachbahnregler zur Aussteuerung des Aufnahmepegels · zwei kombinierte Pegelmeßinstrumente · ein Umschalter gestattet die Anpassung der Eingangsempfindlichkeit an Receiver nach deutscher und amerikanischer Norm.

Und das unterscheidet sie:

Das ELAC CD 400 besitzt einen Bandartenschalter für Normal- oder CrO_2-Band.
Beim ELAC CD 500 erfolgt die Anpassung der Aufnahme- und Wiedergabeverstärker sowie die Vormagnetisierung auf Normal- oder CrO_2-Band automatisch. Die Umschaltung auf CrO_2-Band wird durch eine Leuchtanzeige sichtbar.

Unabhängig von der Hi-Fi-Anlage erlaubt das ELAC CD 500 individuelles Hören mit Kopfhörern. Die Lautstärke kann mit einem Flachbahnregler eingestellt werden.

Dolby-System
Eine der bedeutendsten Erfindungen zur Unterdrückung des Grundrauschens ist das Dolby-

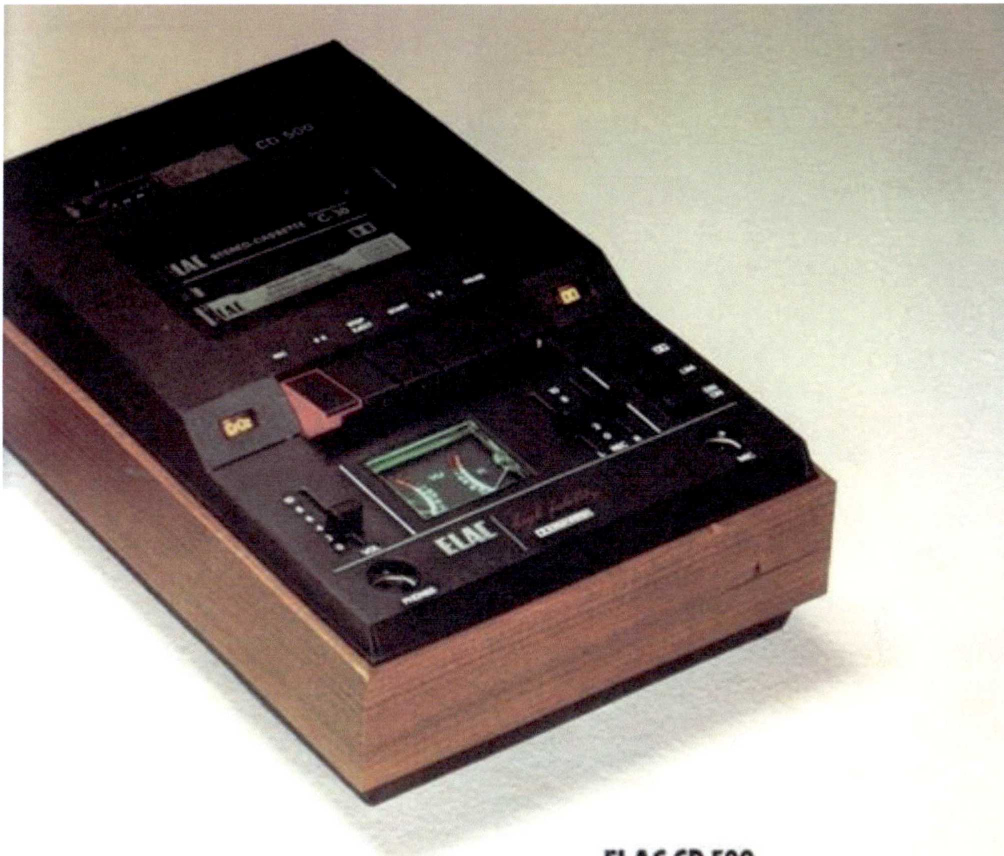

ELAC CD 500 mit Dolby-System*

System. Damit kann der Geräuschspannungsabstand im oberen Frequenzbereich um 8-10 dB verbessert werden.
Der Frequenzbereich und die Gradlinigkeit des Frequenzganges bleiben dabei erhalten.
So beträgt der Geräuschspannungsabstand beim ELAC CD 500 mit Dolby-System bei Benutzung von CrO_2-Band 58 dB. Die Einschaltung des Dolby-Systems ist mit einer Leuchtanzeige verbunden.
*Das »Doppel-D« und das Wort »Dolby« sind geschützte Warenzeichen der Dolby Laboratories.

Mitgeliefertes Zubehör:
1 ELAC Stereo-CrO_2-Vorführ-Cassette, 1 Überspielleitung

ELAC EM 45

Eine wichtige Voraussetzung zur Gestaltung eines eigenen Musikprogramms ist die Verwendung des richtigen Mikrofons.
Das universell verwendbare Cardioid-Mikrofon ELAC EM 45 erfüllt diese Voraussetzung. Die Aufnahmen mit diesem Mikrofon haben Hi-Fi-Qualität. Der Übertragungsbereich von 50 ... 12500 Hz entspricht der DIN 45500.

Hier und auf den nächsten beiden Seiten stellen wir Ihnen Cassettendecks vor, mit denen es gelungen ist, die Probleme der Compact-Cassette (geringe Bandgeschwindigkeit, geringe Spurbreite) völlig zu überwinden.
Mit dem ELAC/Nakamichi 700 und 1000 Tri-Tracer sind jetzt auch Cassetten-Tonbandgeräte für professionelle Benutzer und Hi-Fi-Spezialisten, die nur hochwertigen Spulen-Tonbandgeräten vertrauen, eine echte Hi-Fi-Alternative.
»Tri-Tracer« ist der von uns gewählte Begriff für das 3-Kopf-System dieser neuartigen Geräte.
Die »Tri-Tracer« besitzen getrennte Köpfe für Aufnahme, Wiedergabe und Löschen.

ELAC/Nakamichi 700 Tri-Tracer

Getrennte Köpfe in Verbindung mit getrennten Aufnahme- und Wiedergabe-Verstärkern ermöglichen die Hinterbandkontrolle während der Aufnahme und gewährleisten einen gradlinigen Frequenzgang bis 20000 Hz.
Der Aufnahmekopf besteht aus hochpermeablen Ferrit mit einem 5-µ-Spalt. Dieser Kopf garantiert einwandfreie Magnetisierung über die gesamte Schichttiefe des Magnetbandes. Der Wiedergabekopf besteht aus einer hochpermeablen Speziallegierung von äußerster Härte. Eine Titan-Spalteinlage ermöglicht die Herstellung eines ultraengen Spaltes von 0,7 µ.
Ein Doppel-Capstan-Antrieb mit großen, ausgewuchteten Schwungmassen garantiert den konstanten Bandzug im Bereich der drei Köpfe mit einem Minimum an Gleichlaufschwankungen.
Ein durch Tachogenerator geregelter Gleichstrommotor hält die Bandgeschwindigkeit konstant – unabhängig von Netzspannungs- und Frequenzschwankungen.
Durch eine neuartige Einrichtung ist die Justierung des Aufnahmekopfes einfach zu handhaben.
Zwei Leucht-Dioden zeigen durch alternatives Flackern die richtige Justierung des Kopfes an. Durch die Justierung können Höhenverluste und Phasenver-

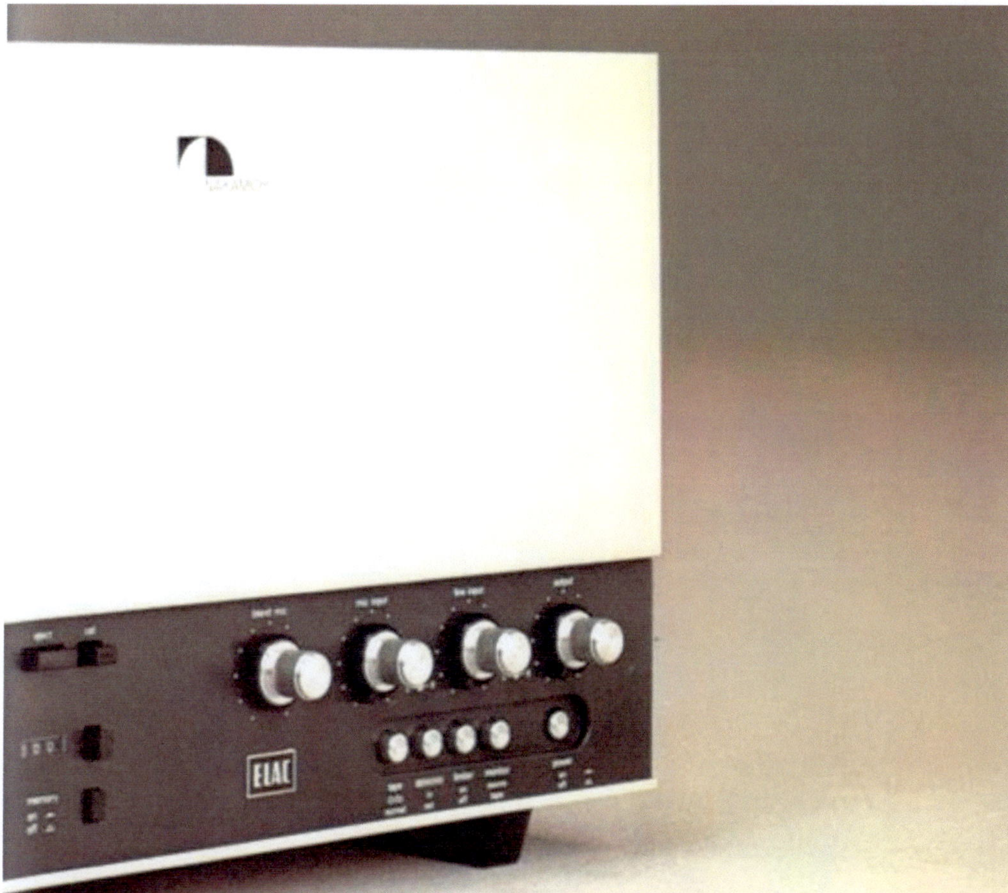

schiebungen vermieden werden, die durch Abweichungen der mechanischen Eigenschaften der Bänder und Cassettentypen auftreten können. Die Möglichkeit der Feinregulierung der Geschwindigkeit (Regelbereich: ± 6 %) dient zur genauen Einstellung der Tonlage oder der Tempoveränderung eines Musikstückes. Alle Laufwerksfunktionen sind relaisgesteuert. Die Betätigung erfolgt über Sensorfelder. (Zusätzlich steht eine ebenfalls mit Sensortasten ausgestattete Fernbedienung zur Verfügung.) Eine mit IC's (integrierte Schaltkreise) aufgebaute Logikschaltung steuert den zeitlichen Funktionsablauf. Die jeweilige Funktion wird durch ein Lämpchen, das in dem entsprechenden Sensorfeld integriert ist, angezeigt.
Weitere Funktionen: automatische Endabschaltung, Zählwerk mit Memory-Taste. Zur Verbesserung des Grundrauschens besitzt der ELAC/Nakamichi 700 Tri-Tracer das Dolby-System*. Durch getrennte Verstärker für Aufnahme und Wiedergabe kann während der Hinterbandkontrolle bereits das dolbysierte Signal rückentzerrt abgehört werden.
Der Aufnahmeverstärker des ELAC/Nakamichi 700 Tri-Tracer besitzt einen so weiten Dynamikbereich, daß Verzerrungen hier durch Übersteuern normalerweise nicht auftreten. Getrennte Aussteuerungsinstrumente mit dB-Skala zeigen die Aufnahmespitzenwerte an, so daß Übersteuerungen sofort erkannt und vermieden werden können. Um jedoch auch bei extrem großen Dynamikspitzen (z. B. Live-Aufnahmen) Verzerrungen zu vermeiden, ist der eingebaute Spitzenbegrenzer (Limiter) einzuschalten. Bei allen Aufnahmen kann unabhängig von der Programmquelle über einen separaten Regler ein zusätzlich angeschlossenes Mikrophon eingeblendet werden.
Weitere Merkmale: Modern aufgebaute elektronische Schaltung nach dem Steckkartensystem · Zwei-Motoren-Antrieb · Bandartenwahlschalter für Normal- und Chromdioxid (CrO_2)-Band · pneumatisch gedämpfte Steuerung von Tonkopfschlitten und Cassettenschacht · Ein- und Ausgangsbuchsen nach deutscher und amerikanischer Norm.
Mitgeliefertes Zubehör: Bedienungsanleitung · Meßton-Cassette · unbespielte CrO_2-Cassette C 60 · Überspielleitungen · Reinigungsset.
Sonderzubehör (gehört nicht zum Lieferumfang): Fernbedienung RK 1.
* Das »Doppel-D« und das Wort »Dolby« sind geschützte Warenzeichen der Dolby Laboratories.

ELAC/Nakamichi 1000 Tri-Tracer

Getrennte Köpfe für Aufnahme, Wiedergabe und Löschen in Verbindung mit getrennten Aufnahme- und Wiedergabe-Verstärkern ermöglichen die ständige Hinterbandkontrolle während der Aufnahme und gewährleisten einen gradlinigen Frequenzgang bis 20000 Hz.

Der Aufnahmekopf besteht aus hochpermeablen Ferrit mit einem 5-μ-Spalt. Dieser Kopf garantiert einwandfreie Magnetisierung über die gesamte Schichttiefe des Magnetbandes. Der Wiedergabekopf besteht aus einer hochpermeablen Speziallegierung von äußerster Härte. Eine Titan-Spalteinlage ermöglicht die Herstellung eines ultraengen Spaltes von 0,7 μ. Ein Doppel-Castan-Antrieb mit großen, ausgewuchteten Schwungmassen garantiert den konstanten Bandzug im Bereich der drei Köpfe mit einem Minimum an Gleichlaufschwankungen.

Ein durch Tachogenerator geregelter Gleichstrommotor hält die Bandgeschwindigkeit konstant – unabhängig von Netzspannungs- und Frequenzschwankungen.

Durch eine neuartige Einrichtung ist die Justierung des Aufnahmekopfes einfach zu handhaben. Zwei Leucht-Dioden zeigen durch alternatives Flackern die richtige Justierung des Kopfes an. Durch die Justierung können Höhenverluste und Phasenverschiebungen vermieden werden, die durch Abweichungen der mechanischen Eigenschaften der Bänder und der Cassettentypen auftreten können.

Die Möglichkeit der Feinregulierung der Geschwindigkeit (Regelbereich: ± 6 %) dient zur genauen Einstellung der Tonlage oder der Tempoveränderung eines Musikstückes. Alle Laufwerksfunktionen sind relaisgesteuert. Die Betätigung erfolgt über Sensortasten, die bei Berühren aufleuchten. (Zusätzlich steht eine ebenfalls mit Sensortasten ausgestattete Fernbedienung zur Verfügung.) Eine mit IC's aufgebaute Logikschaltung steuert den zeitlichen Funktionsablauf.

Weitere Funktionen: Automatische Endabschaltung, Zählwerk mit Memory-Taste, automatische Rückspuleinrichtung (abschaltbar), beleuchtete Laufanzeige.

Der ELAC/Nakamichi 1000 Tri-Tracer vereinigt zwei unabhängige Systeme zur Rauschunterdrückung. Das eine ist das Dolby-System*, das andere ist das

unter der Bezeichnung DNL bekannt gewordene dynamische Geräuschunterdrückungssystem. Bei gleichzeitiger Benutzung beider Systeme kann der Rauschpegel um mehr als 13 dB unterdrückt werden.

Das Dolby-System hat zwei unabhängige Verstärker für Aufnahme und Wiedergabe, so daß bereits während der Hinterbandkontrolle das dolbysierte Signal rückentzerrt abgehört werden kann.

Das DNL-System arbeitet nur bei der Wiedergabe und unterdrückt wirksam Störgeräusche im Frequenzbereich um 10000 Hz.

Der Aufnahmeverstärker des ELAC/Nakamichi 1000 Tri-Tracer besitzt einen so weiten Dynamikbereich, daß Verzerrungen durch Übersteuern hier praktisch nicht auftreten. Getrennte Aussteuerungsinstrumente mit dB-Skala zeigen die Aufnahmespitzenwerte an, so daß Übersteuerungen sofort erkannt und vermieden werden können. Um jedoch auch bei extrem großen Dynamikspitzen (z. B. Live-Aufnahmen) Verzerrungen zu vermeiden, ist der eingebaute Spitzenbegrenzer (Limiter) einzuschalten. Nebeneinander angeordnete Flachbahn-Präzisionsregler zur Aussteuerung der Aus- und Eingangspegel gestatten die bequeme, praxisgerechte Paralleleinstellung beider Kanäle.

Unabhängig von der Programmquelle kann bei allen Aufnahmen über einen weiteren Präzisions-Flachbahnregler ein zusätzlich angeschlossenes Mikrophon eingeblendet werden.

Weitere Merkmale: Schaltung nach dem Steckkarten-System · professioneller, auf die Verwendung im Studiobereich ausgerichteter Aufbau (19"-Gestell-Einschub) · Zwei-Motoren-Antrieb · Bandartenwahlschalter für Normal- und Chromdioxid (CrO_2)-Band · pneumatisch gedämpfte Steuerung von Tonkopfschlitten und Cassettenschacht · Ein- und Ausgangsbuchsen nach deutscher und amerikanischer Norm.

Mitgeliefertes Zubehör:
Luxus-Etui mit Bedienungsanleitung, individuellem Meß- und Datenblatt, Meßton-Cassette, unbespielter CrO_2-Cassette C 60, Kontroll-Spiegel-Cassette, Überspielleitungen, Reinigungsset.

Sonderzubehör (gehört nicht zum Lieferumfang): Fernbedienung RK 1.

*Das »Doppel-D« und das Wort »Dolby« sind geschützte Warenzeichen der Dolby Laboratories.

HiFi STEREO QUADRO

PROGRAMM 1976

ELAC

Hi-Fi-Stereo-Cassettendecks

Durch intensive Grundlagenforschung ist es gelungen, die bisher unüberwindlich scheinenden Probleme der Compact-Cassette (geringe Bandgeschwindigkeit, geringe Spurweite) zu lösen. Hochpräzise Bandlaufwerke, neu entwickelte elektronische Schaltungen, spezielle Magnetköpfe, neue Bandqualitäten, sowie eine Reihe weiterer bedeutender Fortschritte garantieren Hi-Fi-Qualität der Aufnahme und Wiedergabe. Die DIN 45500 für Spulen-Tonbandgeräte wird erfüllt bzw. übertroffen. Eine Besonderheit im internationalen Angebot sind die ELAC/Nakamichi Hi-Fi-Cassettendecks. Sie sind hinsichtlich ihrer Elektronik und Mechanik unübertroffen, auch im Vergleich zu Spulen-Tonbandgeräten.

ELAC CD 400
4Spur-Hi-Fi-Stereo-Cassettendeck in Compact-Bauweise · Frequenzgang 20 ... 15 000 Hz · Geräuschspannungsabstand 50 dB · Gleichlaufkonstanz 0,13 % · durch Tacho-Generator geregelter Studio-Gleichstrommotor · autom. Band-Endabschaltung · einschaltbare autom. Pegelbegrenzung (Limiter) · Bandartenwahlschalter für Normal- und Chromdioxid-Band.
Maße: 18,5 x 8,5 x 30 cm.
Gehäuse: Nußbaum.

ELAC CD 520
4Spur-Hi-Fi-Stereo-Cassettendeck mit Dolby*- und DNL-System · Frequenzgang 20 ... 15 000 Hz · Geräuschspannungsabstand mit Dolby 58 dB · Gleichlaufkonstanz 0,13 % · durch Tacho-Generator geregelter Studio-Gleichstrommotor · „Focused Gap"-Aufnahme- und Wiedergabekopf · autom. Band-Endabschaltung · autom. Umschaltung von Normal auf Chromdioxid-Band · Kopfhöreranschluß mit Flachbahnregler.
Maße: 20 x 10 x 31 cm.
Gehäuse: Nußbaum oder altweiß.

ELAC/Nakamichi 500
4Spur-Hi-Fi-Stereo-Cassettendeck mit „Focused Gap"-Aufnahme-/Wiedergabekopf · durch Tacho-Generator geregelter Studio-Gleichstrommotor · Gleichlaufkonstanz 0,12 % · Zählwerk mit Memory-Programmierung · Dolby*-System mit 400 Hz-Testton-Generator · Geräuschspannungsabstand > 58 dB · 3stufiger Bandarten-Wahlschalter · professionelle Spitzenwert-Anzeige · eingebauter Spitzenbegrenzer (Limiter) · eingebautes Stereo-Mischpult mit 3 Eingängen · Ausgangspegelregler kombiniert mit Lautstärkeregler für eingebauten Kopfhörer-Anschluß · Ein- und Ausgangsbuchsen nach DIN und US-Norm. Maße: 38 x 11,5 x 25,5 cm.
Gehäuse: Nußbaum oder altweiß.

ELAC/Nakamichi 550
Netzunabhängiges 4Spur-Hi-Fi-Stereo-Cassettendeck für mobilen und stationären Einsatz · „Focused-Gap" Aufnahme-/Wiedergabekopf · durch Tacho-Generator geregelter Studio-Gleichstrommotor · Gleichlaufkonstanz 0,12 % · Zählwerk mit „Programing-Timer" · Dolby*-Syster mit 400 Hz Testton-Generator · professionelle Spitzenwert-Anzeige · eingebauter Spitzenbegrenzer (Limiter) · Mikrofon-Einblend-Eingang · Ausgangspegel für jeden Kar getrennt regelbar · Kopfhörer-Ausgang mit sep. Regelmöglichkeit · Kontroll-Anzeige für Batteriespannung und abgelaufene Bandlänge · Ein- und Ausgangsbuchsen nach DI und US-Norm.
Maße: 31 x 9 x 35 cm.

ELAC/Nakamichi 700 Tri-Tracer
4Spur-Hi-Fi-Studio-Cassettendeck mit 3-Kopf-System · getrennte Köpfe für Aufnahme, Wiedergabe und Löschen in Verbindung mit getrennten Aufnahme- und Wiedergabeverstärkern · Gleichlaufkonstanz 0,10 % · Dolby*-System · Geräuschspannungsabstand > 60 dB · neuartige Justier-Einrichtung des Aufnahmekopfes · Geschwindigkeit-Feinregulierung · relaisgesteuerte Laufwerksfunktionen mit Sensorfeldern · Logikschaltung zur Steuerung des zeitlichen Funktionsablaufs · autom. Endabschaltung · Zählwerk mit Memory-Programmierung · getrennte Spitzenwert-Anzeigeinstrumente · eingebauter Spitzenbegrenzer (Limiter) · Einblend-Mikrofon-Regler · Bandartenwahlschalter für Normal- und CrO_2-Band · pneumatisch gedämpfte Steuerung von Tonkopfschlitten und Cassettenschacht · Ein- und Ausgangsbuchsen nach DIN und US-Norm.
Maße: 52 x 29 x 15 cm.
Gehäuse: Nußbaum, Front mattsilber.

ELAC/Nakamichi 1000 Tri-Tracer
4Spur-Hi-Fi-Studio-Cassettendeck mit 3-Kopf-System · getrennte Köpfe für Aufnahme, Wiedergabe und Löschen in Verbindung mit getrennten Aufnahme- und Wiedergabeverstärkern · Gleichlaufkonstanz < 0,10 % · 2 unabhängige Systeme zur Rauschunterdrückung, Dolby*- und DNL-System · Geräuschspannungsabstand > 60 dB · neuartige Justier-Einrichtung des Aufnahmekopfes · Geschwindigkeitsfeinregulierung · relaisgesteuerte Laufwerksfunktionen mit Sensorfeldern · Logikschalter zur Steuerung des zeitlichen Funktionsablaufs · autom. Endabschaltung · Zählwerk mit Memory-Programmierung · autom. Rückspuleinrichtung · beleuchtete Laufanzeige · getrennte Spitzenwert-Anzeigeinstrumente · eingebauter Spitzenbegrenzer (Limiter) · Einblend-Mikrofon-Regler · Flachbahn-Präzisionsregler · Bandartenwahlschalter für Normal- und CrO_2-Band · pneumatisch gedämpfte Steuerung von Tonkopfschlitten und Cassettenschacht · Ein- und Ausgangsbuchse nach DIN und US-Norm · auf den Studiobereich ausgerichteter 19"-Gestell-Einschub.
Maße: 52,5 x 30,5 x 24 cm.
Gehäuse: Nußbaum.

*) Das „Doppel-D" und das Wort „Dolby" sind geschützte Warenzeichen der Dolby-Laboratories.

HIGH FIDELITY STEREO QUADRO

ELAC

PROGRAMM 1977

HiFi-Stereo-Cassettendecks

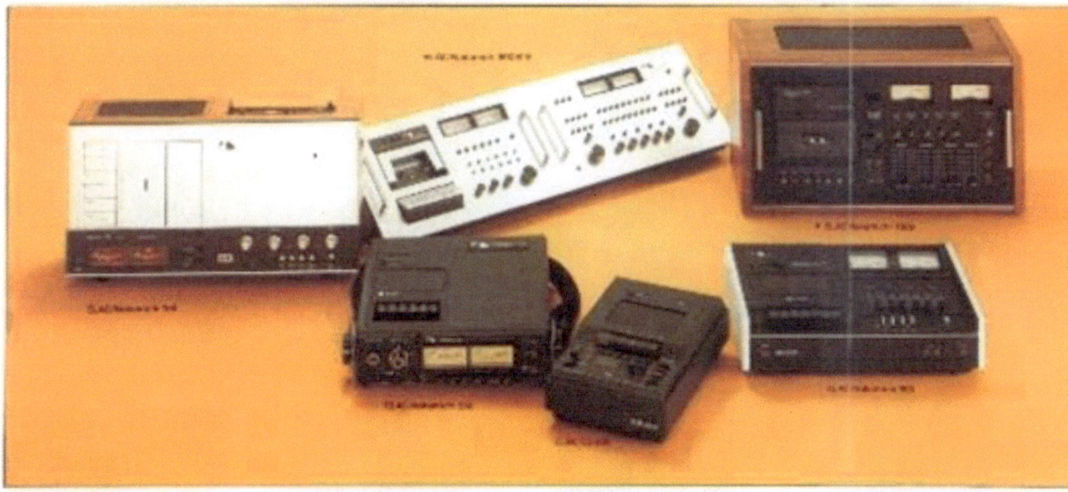

ELAC CD 520

ELAC/Nakamichi 500

ELAC/Nakamichi 550

ELAC/Nakamichi 600

ELAC/Nakamichi 610

ELAC/Nakamichi 700 Tri-Tracer

ELAC/Nakamichi 1000 Tri-Tracer

ELAC

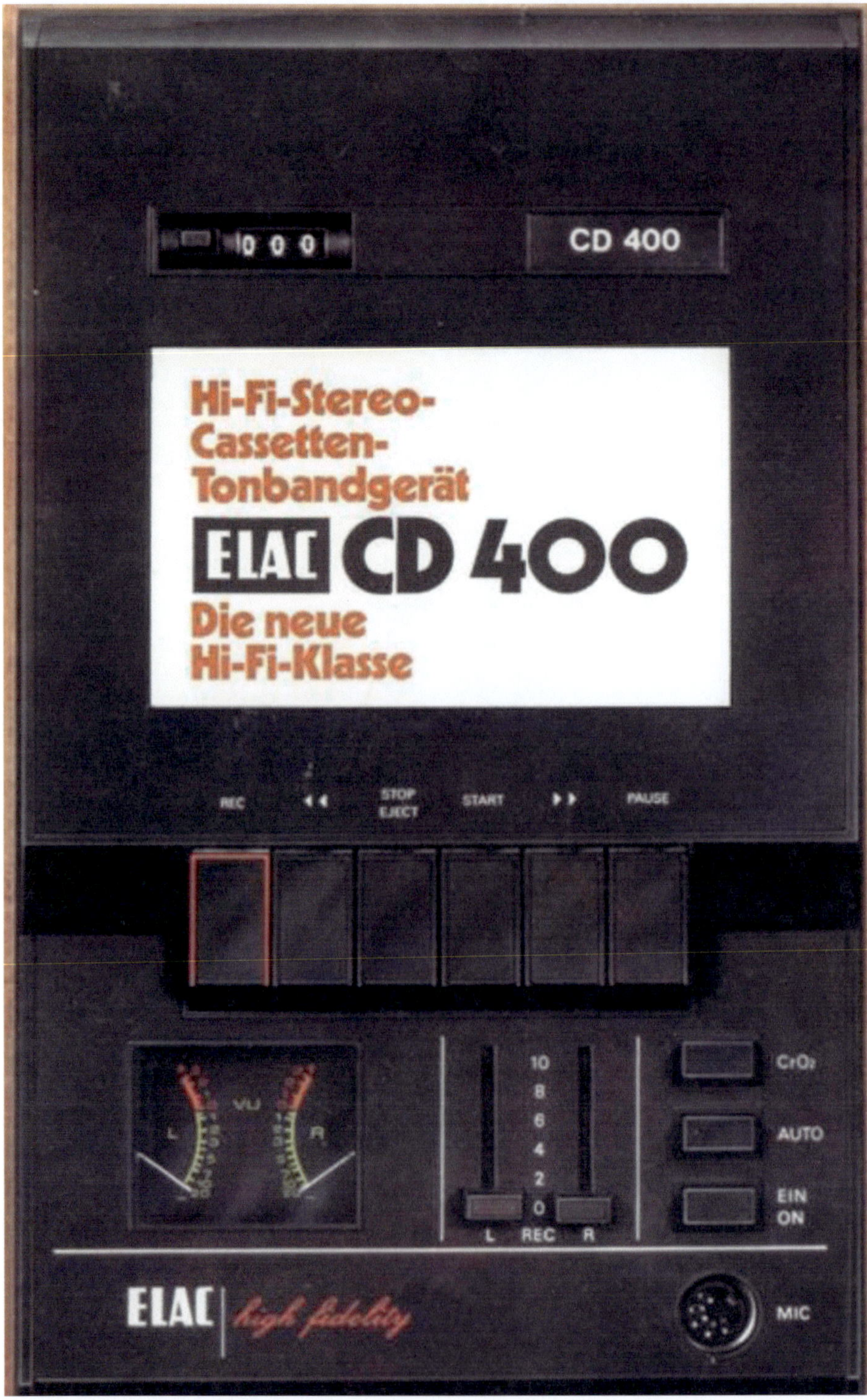
CD 400
Hi-Fi-Stereo-
Cassetten-
Tonbandgerät
ELAC CD 400
Die neue
Hi-Fi-Klasse
REC
STOP
EJECT
START
PAUSE
VU
L
R
10
8
6
4
2
0
L REC R
CrO2
AUTO
EIN
ON
ELAC high fidelity
MIC

Die neue Hi-Fi-Klasse

ELAC CD 400

Ein Cassetten-Tonbandgerät in Kompakt-Bauweise, das die Forderungen der Hi-Fi-Norm DIN 45 500 erfüllt.

ELAC eröffnet den Kennern meisterlicher Musik neue Klangdimensionen. Mit dem ELAC CD 400. Einem Hi-Fi-Stereo-Cassetten-Tonbandgerät mit allen Vorteilen, die das Compact-Cassetten-System besitzt.
Und mit vielen technischen Vorzügen, die bisher nur Spulentonbandgeräten vorbehalten waren.

ELAC CD 400- der vollwertige Baustein für jede Hi-Fi-Anlage

Das müssen Sie wissen:

1. Das ELAC CD 400 erfüllt in allen Werten die Forderungen der DIN 45 500 für Magnetbandgeräte.

2. Bei Verwendung von Compact-Cassetten mit Chromdioxid-Band (CrO_2) ergeben sich optimale Werte. Für den Geräuschspannungsabstand 50 dB. Ein Frequenzgang von 20 ....15.000 Hz.

3. Ein Studio-Gleichstrommotor, der durch Tachogenerator geregelt wird, gewährleistet eine hohe Gleichlaufkonstanz und weitgehende Unabhängigkeit von Schwankungen der Netzfrequenz und Netzspannung. So entsteht der außerordentlich niedrige Wert der Gleichlaufschwankungen von ± 0,13 %.

4. Die automatische Band-Endabschaltung gewährleistet, daß sich das ELAC CD 400 immer in die Bereitschaftsstellung zurückschaltet. Auch bei Unterbrechung der Netzspannung. So können die von Tonbandkennern gefürchteten Deformierungen der Andruckrolle nicht auftreten. Die automatische Band-Endabschaltung gestattet außerdem die Benutzung einer Schaltuhr für das Ausschalten.

5. Die nebeneinander angeordneten Regler zur Aussteuerung des Aufnahmepegels ermöglichen die bequeme, praxisgerechte Paralleleinstellung beider Kanäle. Eine Kombination von zwei Pegelmeßinstrumenten gestattet die Aufnahme- und Wiedergabe-Überwachung auf einen Blick.

6. Kritische Aufnahmen, in denen Verzerrungen durch Übersteuerung bei Dynamikspitzen auftreten können, werden durch eine einschaltbare automatische Pegelbegrenzung (Limiter) problemlos.

7. Bandartenwahlschalter für Normal- und Chromdioxid-Band (CrO_2).

8. Receiver und Verstärker liefern je nach Auslegung (DIN oder USA-Norm) unterschiedliche Ausgangsspannungen für die Aufnahme.
Das ELAC CD 400 hat einen Umschalter, der die Anpassung an die jeweilige Norm ermöglicht.

ELAC CD 400 - die neue Preis-Klasse.

Nicht nur die Leistungen dieses Hi-Fi-Stereo-Cassetten-Tonbandgeräts sind vorbildlich. Der Preis ist ebenso bemerkenswert wie die Technik.
Das ELAC CD 400 kostet einschließlich einer ELAC Stereo-CrO_2-Vorführkassette und einer Überspielleitung

548,-DM

Festpreis incl. Urhebergebühr.

Technische Daten

Stromversorgung	220 V 50....60 Hz Wechselspannung auf 110 V intern umschaltbar	
Leistungsaufnahme	12 VA	
Abmessungen (B x H x T)	184 x 84 x 298 mm	
Gewicht	3,3 kg	
Bestückung	2 FET's, 25 Silicium-Transistoren, 10 Dioden, 1 Gleichrichter	
Tonträger	Compact-Cassetten C 60, C 90, C 120	
Bandgeschwindigkeit	4,75 cm/sec	
Aufnahmeverfahren	4spurig Stereo	
Eingangsempfindlichkeit „Radio" „Line" „Mikrophon"	 3,5.....165 mV/47 kOhm 35....1450 mV/470 kOhm 0,18...8,6 mV/2,7 kOhm	
Ausgangsspannung bei Vollaussteuerung	1 V / 1 kOhm	
Gleichlaufschwankungen	0,13 %	
	Low Noise Band	Chromdioxid-Band
Frequenzbereich	20....13.000 Hz	20....15.000 Hz
Geräuschspannungsabstand und Fremdspannungsabstand nach DIN 45 405	46 dB	50 dB 46 dB
Klirrfaktor bei 0 dB VU	2 %	1,8 %
Übersprechdämpfung (Stereo) zwischen 500 und 6.300 Hz	> 30 dB	> 30 dB
Löschdämpfung	70 dB	65 dB
Wiedergabeentzerrung	1.590/120 µsec	3.180/70 µsec

ELAC

ELECTROACUSTIC GMBH
23 Kiel, Westring 425-429

892.5 500 12 72

ELAC
Chromdioxid C-30
1
2
ELAC PRÄSENTIERT DAS
STEREO-CASSETTEN-
TONBANDGERÄT CD 400
ELAC
STEREO-CASSETTE
Chromdioxid
C-30
CONTR.
COPYR.
PRÄSENTIERT DAS
STEREO-CASSETTEN-
TONBANDGERÄT CD 400
1
ELAC

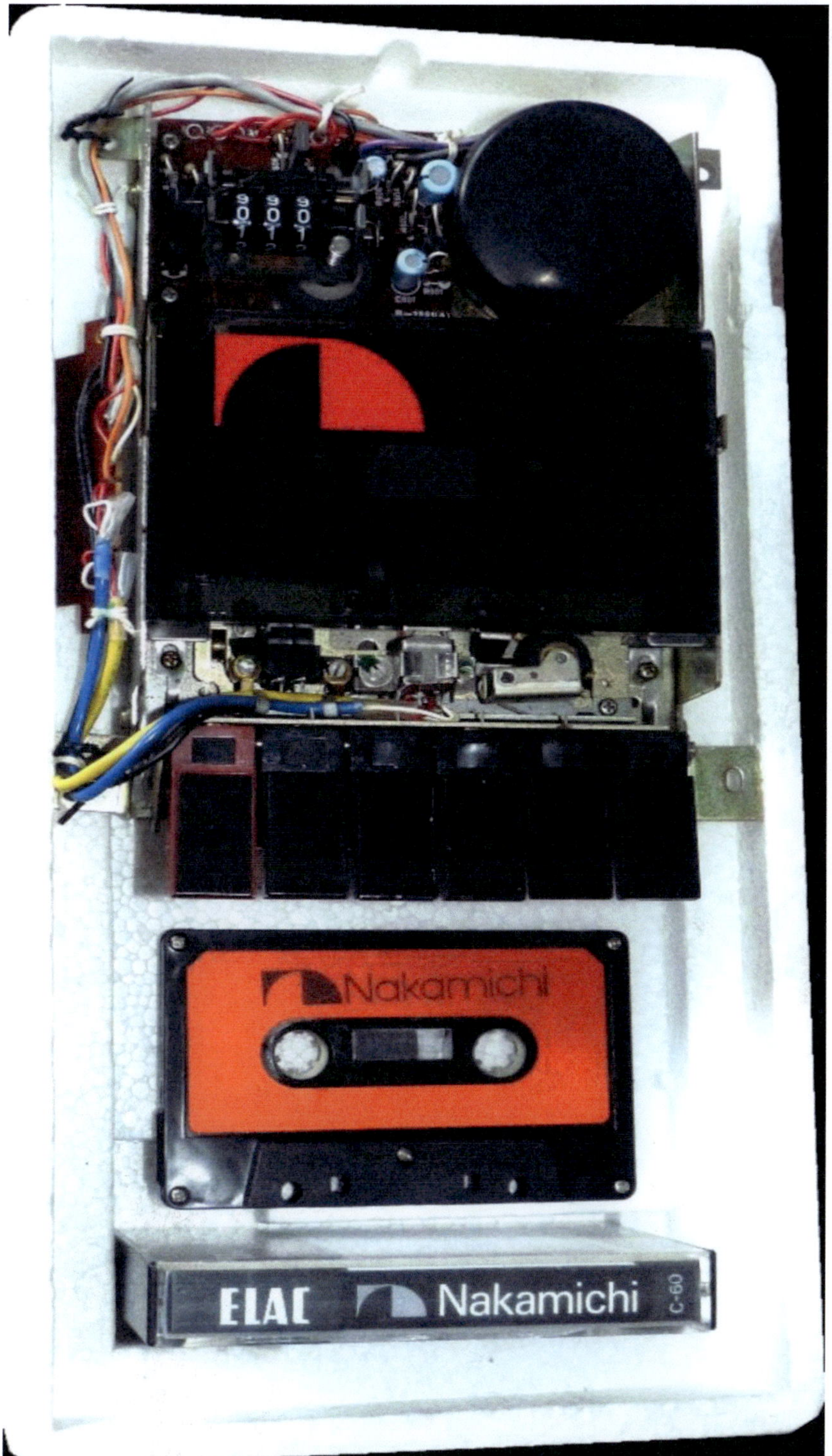
Nakamichi
ELAC
Nakamichi
C-60

FSC
www.fsc.org
MIX
Papier aus verantwortungsvollen Quellen
Paper from responsible sources
FSC® C105338